四川省工程建设地方标准

四川省膨胀玻化微珠无机保温板
建筑保温系统应用技术规程

Technical Specification for Application of
Expanded Vitrified Beads Inorganic Insulation
Board Thermal Insulation System on Building in Sichuan Province

DBJ51/T070－2016

主编单位： 四 川 省 建 筑 科 学 研 究 院
批准部门： 四 川 省 住 房 和 城 乡 建 设 厅
施行日期： 2 0 1 7 年 3 月 1 日

西南交通大学出版社

2017 成 都

图书在版编目（CIP）数据

四川省膨胀玻化微珠无机保温板建筑保温系统应用技
术规程 /四川省建筑科学研究院主编. —成都：西南
交通大学出版社，2017.3
（四川省工程建设地方标准）
ISBN 978-7-5643-5337-7

Ⅰ. ①四… Ⅱ. ①四… Ⅲ. ①无机材料－保温板－技
术规范－四川 Ⅳ. ①TU55-65

中国版本图书馆 CIP 数据核字（2017）第 056230 号

四川省工程建设地方标准
四川省膨胀玻化微珠无机保温板建筑保温系统应用技术规程
主编单位　四川省建筑科学研究院

责 任 编 辑	柳堰龙
封 面 设 计	原谋书装
出 版 发 行	西南交通大学出版社 （四川省成都市二环路北一段 111 号 西南交通大学创新大厦 21 楼）
发行部电话	028-87600564　028-87600533
邮 政 编 码	610031
网 　 　 址	http://www.xnjdcbs.com
印 　 　 刷	成都蜀通印务有限责任公司
成 品 尺 寸	140 mm×203 mm
印 　 　 张	2.25
字 　 　 数	53 千
版 　 　 次	2017 年 3 月第 1 版
印 　 　 次	2017 年 3 月第 1 次
书 　 　 号	ISBN 978-7-5643-5337-7
定 　 　 价	26.00 元

各地新华书店、建筑书店经销
图书如有印装质量问题　本社负责退换
版权所有　盗版必究　举报电话：028-87600562

关于发布工程建设地方标准
《四川省膨胀玻化微珠无机保温板建筑保温
系统应用技术规程》的通知

川建标发〔2016〕1034 号

各市州住房和城乡建设行政主管部门、各有关单位：

由四川省建筑科学研究院主编的《四川省膨胀玻化微珠无
机保温板建筑保温系统应用技术规程》已经我厅组织专家审查
通过，现批准为四川省工程建设地方标准，编号为：
DBJ51/T 070—2016，自 2017 年 3 月 1 日起在全省实施。

该标准由四川省住房和城乡建设厅负责管理，四川省建筑
科学研究院负责技术内容的解释。

四川省住房和城乡建设厅
2016 年 12 月 28 日

前　言

　　本规程是根据四川省住房和城乡建设厅《关于下达四川省工程建设地方标准〈四川省膨胀玻化微珠无机保温板建筑保温系统应用技术规程〉编制计划的通知》（川建标发〔2015〕844号）的要求，由四川省建筑科学研究院会同有关单位共同编制完成的。

　　规程编制组经广泛调查研究，认真总结实践经验，参考有关国际和国内先进标准，并在广泛征求意见的基础上，制定本规程。

　　本规程共分7章和2个附录，主要技术内容是：总则、术语、基本规定、性能要求、设计、施工、验收。

　　本规程由四川省住房和城乡建设厅负责管理，四川省建筑科学研究院负责具体技术内容的解释。执行过程中如有意见或建议，请寄送四川省建筑科学研究院（地址：成都市一环路北三段55号；邮编：610081；电话：028-83372502；E-mail：2356482@qq.com），以便今后修订时参考。

　　主 编 单 位：四川省建筑科学研究院
　　参 编 单 位：中国建筑西南设计研究院有限公司

四川省第三建筑工程公司

成都市天府新区建设工程质量安全监督站

成都市荣山新型材料有限公司

四川新桂防水保温工程有限公司

四川热恒科技有限公司

参 加 单 位：四川洪雅强华玻化微珠厂

四川眉山市彭山区广盛保温材料厂

四川彭州桂花红石桥保温材料厂

四川德阳安居节能材料厂

主要起草人：余恒鹏　　刘　晖　　韩　舜　　佘　龙

白永学　　罗　骥　　陈云英　　李陆宝

金　洁　　于　忠　　吴文杰　　陈东平

孙将忠　　黄祚益　　王志斌　　包灵燕

主要审查人：刘小舟　　黄光洪　　金晓西　　张仕忠

江成贵　　甘　鹰　　郑澍奎

目 次

Contents

1 总 则

1.0.1 为贯彻国家建筑节能政策，满足建筑保温防火要求，规范膨胀玻化微珠无机保温板建筑保温系统的设计、施工及质量验收，保证工程质量，做到技术先进可靠、经济合理，制定本规程。

1.0.2 本规程适用于四川省新建、扩建和改建民用建筑保温工程采用膨胀玻化微珠无机保温板建筑保温系统的建筑节能工程的材料、设计、施工及验收。

1.0.3 膨胀玻化微珠无机保温板建筑保温系统工程的设计、施工及质量验收，除应符合本规程的要求外，尚应符合现行国家和四川省地方相关标准的规定。

2 术 语

2.0.1 膨胀玻化微珠无机保温板建筑保温系统 expanded vitrified beads inorganic insulation board thermal insulation system on building

设置在建筑物不透明围护结构层上，由胶粘剂、膨胀玻化微珠无机保温板、抹面胶浆及加强材料、饰面材料等组成的非承重建筑保温构造总称。

2.0.2 基层 substrate

保温系统所依附的，由土建施工完成并经验收符合要求的结构层及找平层的总称。

2.0.3 膨胀玻化微珠无机保温板 expanded vitrified beads inorganic insulation board

以膨胀玻化微珠为轻集料，以水泥为主的胶凝材料，外掺改性剂和外加剂等，经搅拌混合、模压成型、蒸汽养护等工艺生产的无机保温板材。

2.0.4 胶粘剂 adhesive

由水泥基胶凝材料、高分子聚合物材料以及填料和添加剂等组成，用于将膨胀玻化微珠无机保温板粘贴在基层上的粘结材料。

2.0.5 抹面胶浆 base coat

由水泥基胶凝材料、高分子聚合物材料以及填料和添加剂等组成，具有一定变形能力和良好粘结性能的抹面材料。

2.0.6 耐碱玻璃纤维网格布 alkali-resistant glass fiber mesh

表面经高分子材料涂覆处理的、具有耐碱功能的网格状玻璃纤维织物，作为增强材料内置于抹面胶浆中，用以提高抹面层的抗裂性和抗冲击性，简称耐碱玻纤网。

2.0.7　抹面层　rendering layer

采用抹面胶浆复合耐碱玻璃纤维网格布抹压在膨胀玻化微珠无机保温板表面，保护膨胀玻化微珠无机保温板，起防水、抗裂和抗冲击等作用的构造层。

2.0.8　锚栓　anchor bolt

由膨胀件和膨胀套管组成，或仅由膨胀套管构成，依靠膨胀产生的摩擦力或机械锁定作用连接保温系统与基层墙体的机械固定件。

2.0.9　支撑托架　support brackets

建筑外墙保温系统中，用以支撑膨胀玻化微珠无机保温板系统的专用支撑件，通常情况下由不锈钢角钢、镀锌角钢或其他具有防锈性能的角钢与膨胀螺栓组成。

3 基本规定

3.0.1 膨胀玻化微珠无机保温板建筑保温系统的保温、隔热、防火及防潮性能应符合现行国家及四川省有关建筑节能设计标准的规定。

3.0.2 膨胀玻化微珠无机保温板建筑保温系统应能适应基层的正常变形而不产生裂缝或空鼓；应能长期承受自重而不产生有害的变形；应在规定的抗震设防烈度下不从基层上脱落；应具有防水透气性能；各组成部分应具有物理-化学稳定性；所有组成材料应彼此相容并应具有防腐性和防生物侵害性能。

3.0.3 膨胀玻化微珠无机保温板外墙外保温工程应能承受风荷载的作用和耐受室外气候的长期反复作用而不产生破坏。

3.0.4 膨胀玻化微珠无机保温板建筑保温系统所使用的整套材料应由系统供应商配套提供。

3.0.5 在正确使用和正常维护的条件下，膨胀玻化微珠无机保温板建筑保温系统的使用年限应符合现行国家及四川省相关标准的规定。

4 性能要求

4.1 系统性能

4.1.1 膨胀玻化微珠无机保温板外墙外保温系统和外墙内保温系统的性能应分别符合表 4.1.1-1 和表 4.1.1-2 的规定。

表 4.1.1-1 膨胀玻化微珠无机保温板外墙外保温系统性能指标

项　目		性能指标	试验方法
耐候性	外观	经耐候性试验后，不得出现饰面层起泡或剥落，抹面层空鼓或脱落等破坏，不得产生渗水裂缝	JGJ 144
	抹面层与保温层的拉伸粘结强度/MPa	≥0.10，且破坏部位应位于保温层内	
	饰面砖粘结强度/MPa	≥0.4	JGJ 110
抗冲击性	建筑物首层墙面及门窗洞口等易受碰撞部位	10J 级	
	建筑物二层以上墙面等不易受碰撞部位	3J 级	
耐冻融性能	外观	30 次冻融循环后，系统无空鼓、脱落，无渗水裂缝	JGJ 144
	抹面层与保温层的拉伸粘结强度/MPa	≥0.10，且破坏部位应位于保温层内	
抹面层不透水性		2 h 不透水	
吸水量（1 h）/（g/m²）		< 1000	
水蒸气透过湿流密度/[g/(m²·h)]		≥0.85	GB/T 29906
系统抗拉强度/MPa		≥0.10，且破坏部位应位于保温层内	见附录 A

表 4.1.1-2　膨胀玻化微珠无机保温板外墙内保温系统性能指标

项　目	性能指标	试验方法
抗冲击性	10J 级	
吸水量（1 h）/（g/m²）	＜1000	JGJ 144
抹面层不透水性	2 h 不透水	
系统抗拉强度/MPa	≥0.10，且破坏部位应位于保温层内	见附录 A

4.1.2　膨胀玻化微珠无机保温板屋面保温系统、膨胀玻化微珠无机保温板楼地面保温系统的性能应分别符合《屋面工程技术规范》GB 50345、《坡屋面工程技术规范》GB 50693、《建筑地面设计规范》GB 50037 等现行国家及四川省有关规定和设计要求。

4.2　组成材料性能

4.2.1　膨胀玻化微珠无机保温板的外形为平板，规格尺寸宜为：长度 600 mm，宽度 300 mm，厚度大于等于 30 mm。尺寸允许偏差及外观质量应符合表 4.2.1 的规定。

表 4.2.1　膨胀玻化微珠无机保温板的尺寸允许偏差及外观质量

项目		允许偏差	试验方法
尺寸允许偏差	长度/mm	±2	GB/T 5486
	宽度/mm	±2	
	厚度/mm	0～2	
	对角线差/mm	≤3	
外观质量	缺棱掉角	不允许有最大投影尺寸大于 5 mm 的缺棱掉角，最大投影尺寸不大于 5 mm 的缺棱掉角数不应大于 2 个	
	裂纹	不允许	

4.2.2 膨胀玻化微珠无机保温板物理性能指标应符合表 4.2.2 的规定。

表 4.2.2 膨胀玻化微珠无机保温板物理性能指标

项　目		性能指标		试验方法
		Ⅰ型	Ⅱ型	
干表观密度/kg/m³		240 ~ 270	270 ~ 300	GB/T 5486
体积吸水率/%		≤8.0	≤10.0	
抗压强度/MPa		≥0.50	≥0.60	
垂直于板面抗拉强度/MPa		≥0.10	≥0.12	JGJ 144
导热系数/[W/（m·K）]		≤0.07	≤0.08	GB/T 10294 或 GB/T 10295
蓄热系数/[W/（m²·K）]		≥1.0	≥1.2	JGJ 51
干燥收缩值/[mm/m]		≤0.80		GB/T 11969 快速法
软化系数		≥0.80		GB/T 20473
燃烧性能等级		A 级		GB 8624
抗冻性指标（F15）	质量损失率/%	≤5.0		GB/T 4111
	抗压强度损失率/%	≤20		
放射性核素限量	内照射 I_{Ra}	< 1.0		GB 6566
	外照射 $I\gamma$	< 1.0		

注：严寒及寒冷地区抗冻性指标的冻融循环次数应为 25 次。

4.2.3 胶粘剂的性能指标应符合表 4.2.3 的规定。

表 4.2.3 胶粘剂性能指标

项　目		性能指标	试验方法
拉伸粘结强度（与膨胀玻化微珠无机保温板）/MPa	原强度	≥0.10	GB/T 29906
	耐水（浸水 48 h，干燥 7 d）		
拉伸粘结强度（与水泥砂浆）/MPa	原强度	≥0.60	
	耐水（浸水 48 h，干燥 7 d）		
可操作时间/h		1.5～4.0	

4.2.4 抹面胶浆的性能指标应符合表 4.2.4 的规定。

表 4.2.4　抹面胶浆性能指标

项　目		性能指标	试验方法
拉伸粘结强度（与膨胀玻化微珠无机保温板）/MPa	原强度	≥0.10	GB/T 29906
	耐水（浸水 48 h，干燥 7 d）		
拉伸粘结强度（与水泥砂浆）/MPa	原强度	≥0.60	
	耐水（浸水 48 h，干燥 7 d）		
柔韧性	压折比	≤3.0	
可操作时间/h		1.5～4.0	

4.2.5 耐碱玻纤网的性能指标应符合表 4.2.5 的规定。

表 4.2.5 耐碱玻纤网性能指标

项　目	性能指标	试验方法
单位面积质量/（g/m²）	≥160	GB/T 9914.3
耐碱断裂强力（经、纬向）/（N/50 mm）	≥1 000	GB/T 29906
断裂伸长率/%	≤5.0	GB/T 7689.5
耐碱断裂强力保留率（经、纬向）/%	≥50	GB/T 29906

4.2.6 涂料饰面层采用的腻子应与保温系统相容，其性能指标应符合建筑用腻子相关标准的规定。

4.2.7 饰面涂料及其原辅料必须与保温系统相容，其性能指标应符合外墙建筑涂料相关标准的规定。

4.2.8 饰面砖应采用通体砖，面砖粘贴面应带有燕尾槽，并不得带有脱模剂，其性能除应符合表 4.2.8 的规定外，还应符合其他相关标准的规定。

表 4.2.8 饰面砖性能指标

项　目		性能指标	试验方法
单位面积质量/（kg/m²）		≤20	
单块面积规定限值/cm²	12 m 及以下	最大面积≤410	
	60 m 及以下	最大面积≤50	
	60 m 以上	最大面积≤25	GB/T 3810.2
单块厚度/mm	12 m 及以下	≤10	
	60 米及以下	<6	
	60 米以上	≤5	
吸水率/%		≤3	GB/T 3810.3
抗冻性		100 次冻融循环无破坏	GB/T 3810.12

4.2.9 面砖粘结砂浆的性能指标应符合表 4.2.9 的规定。

表 4.2.9 面砖粘结砂浆性能指标

项　目		性能指标	试验方法
拉伸粘结强度/MPa	标准状态	≥0.5	JC/T 547
	浸水处理		
	热老化处理		
	冻融循环处理		
	晾置 20 min 后		

4.2.10 面砖勾缝料的性能指标应符合表 4.2.10 的规定。

表 4.2.10 面砖勾缝料性能指标

项　目		性能指标	试验方法
收缩值/（mm/m）		≤3.0	JC/T 1004
抗折强度/MPa	标准状态	≥3.5	
	冻融循环处理		
吸水量/g	30 min	≤2.0	
	240 min	≤5.0	
横向变形/mm		≥1.5	
拉伸粘结原强度/MPa		≥0.2	JC/T 547

4.2.11 圆盘锚栓的圆盘公称直径不应小于 60 mm，公差为 ± 1.0 mm。膨胀套管的公称直径不应小于 8 mm，公差为 ± 0.5 mm。锚栓的其他性能指标应符合表 4.2.11 的规定。

表 4.2.11 锚栓性能指标

项 目	性能指标	试验方法
单个锚栓抗拉承载力标准值 （普通混凝土基层墙体）/kN	≥0.60	JG/T 366
单个锚栓抗拉承载力标准值 （实心砌体基层墙体）/kN	≥0.50	
单个锚栓抗拉承载力标准值 （多孔砖砌体基层墙体）/kN	≥0.40	
单个锚栓抗拉承载力标准值 （空心砌块基层墙体）/kN	≥0.30	
单个锚栓抗拉承载力标准值 （蒸压加气混凝土基层墙体）/kN	≥0.30	

4.2.12 支撑托架应采用不锈钢角钢、镀锌钢角钢或其他具有防锈性能的角钢。角钢及热镀锌膨胀螺栓应符合相应的产品标准要求。

4.2.13 在膨胀玻化微珠无机保温板建筑保温系统中所采用的辅助性材料，包括金属护角、盖口条等应分别符合相应产品标准要求。

5 设 计

5.1 一般规定

5.1.1 设计选用膨胀玻化微珠无机保温板建筑保温系统时，不应更改系统构造和组成材料，构造设计及选用材料的主要性能应符合本规程及相关标准的规定。对材料和施工质量有特别要求时，应在设计文件中注明。

5.1.2 膨胀玻化微珠无机保温板建筑保温工程的热工和节能设计应符合下列要求：

1 外保温系统应包覆门窗框外侧洞口、女儿墙、封闭阳台以及出挑构件等热桥部位。

2 应考虑支撑托架以及用于固定托架的膨胀螺栓的热桥影响。

5.1.3 膨胀玻化微珠无机保温板建筑保温工程应做好密封和防水构造设计，确保水不会渗入保温层和基层，重要部位应有详图。水平或倾斜的出挑部位以及延伸至地面以下的部位应做防水和加固处理。在保温系统上安装的设备或管道应采用穿透保温层的连接杆固定于基层上，并做好密封和防水设计。

5.1.4 当采用膨胀玻化微珠无机保温板外墙外保温系统时，建筑高度不应超过 100 m。

5.1.5 寒冷、严寒地区不应采用膨胀玻化微珠无机保温板内保温系统。

5.1.6 膨胀玻化微珠无机保温板用于墙面保温工程时应采用Ⅰ型板；用于屋面保温工程、楼地面保温工程时应采用Ⅱ型板。

5.2 系统构造

5.2.1 涂料饰面以及面砖饰面的膨胀玻化微珠无机保温板外墙外保温系统基本构造应符合表 5.2.1 的规定。

表 5.2.1 涂料饰面以及面砖饰面膨胀玻化微珠无机保温板外墙外保温系统基本构造

基层①	粘结层②	保温层③	抹面层④	饰面层⑤	构造示意图
混凝土墙及各种砌体墙（含找平层）	胶粘剂	膨胀玻化微珠无机保温板（Ⅰ型）	抹面胶浆复合单层或双层耐碱玻纤网	柔性耐水腻子+涂料	
			抹面胶浆复合双层耐碱玻纤网	面砖粘结砂浆+面砖及面砖勾缝料	

5.2.2 涂料饰面以及面砖饰面的膨胀玻化微珠无机保温板外墙内保温系统基本构造应符合表 5.2.2 的规定。

表 5.2.2　涂料饰面以及面砖饰面的膨胀玻化微珠
无机保温板外墙内保温系统基本构造

基层①	粘结层②	保温层③	抹面层④	饰面层⑤	构造示意图
混凝土墙及各种砌体墙（含找平层）	胶粘剂	膨胀玻化微珠无机保温板（Ⅰ型）	抹面胶浆复合单层或双层耐碱玻纤网	腻子+涂料	
			抹面胶浆复合双层耐碱玻纤网	面砖粘结砂浆+面砖及面砖勾缝料	

5.2.3　膨胀玻化微珠无机保温板坡屋面保温系统基本构造应符合表 5.2.3 的规定。

14

表 5.2.3　膨胀玻化微珠无机保温板坡屋面保温系统基本构造

基层①	粘结层②	保温层③	防水层④	持钉层⑤	结合层⑥	饰面层⑦	构造示意图
钢筋混凝土屋面板（含找平层）	胶粘剂	膨胀玻化微珠无机保温板（Ⅱ型）	防水卷材等	配筋细石混凝土	挂瓦条、顺水条等	烧结瓦、混凝土瓦、沥青瓦等	

5.2.4　膨胀玻化微珠无机保温板平屋面保温系统基本构造应符合表 5.2.4 的规定。

表 5.2.4　膨胀玻化微珠无机保温板平屋面保温系统基本构造

基层①	找坡层②	隔汽层③	保温层④	找平层⑤	防水层⑥	保护层⑦	构造示意图
钢筋混凝土屋面板	轻质材料找坡	防水卷材等	膨胀玻化微珠无机保温板（Ⅱ型）	水泥抹灰砂浆找平	防水卷材等	水泥砂浆或细石混凝土等	

5.2.5 膨胀玻化微珠无机保温板楼地面保温系统基本构造应符合表 5.2.5 的规定。

表 5.2.5 膨胀玻化微珠无机保温板楼地面保温系统基本构造

基层①	粘结层②	保温层③	保护层④	饰面层⑤	构造示意图
钢筋混凝土（含找平层）	胶粘剂	膨胀玻化微珠无机保温板（Ⅱ型）	水泥砂浆或细石混凝土	瓷砖或其他饰面构造	

5.3 建筑构造设计

5.3.1 膨胀玻化微珠无机保温板外墙外保温系统的构造设计应符合下列规定：

1 采用涂料饰面时，建筑高度不超过 54 m 的建筑，应每两层设置一道支撑托架；建筑高度大于 54 m 的建筑，54 m 以上部分应每层设置一道支撑托架，不超过 54 m 部分应每两层设置一道支撑托架。采用面砖饰面时，应每层设置一道支撑托架。支撑托架之间的竖向间距不宜超过 6 m。

2 基层墙体设置变形缝时，外保温系统应在变形缝处断开，端头应设置附加耐碱玻纤网，缝中填充柔性保温材料，缝口设变形缝金属盖缝条。

3 应合理设置分格缝，水平分格缝宜按楼层设置，并做好防水设计。

4 女儿墙保温应设置混凝土压顶或金属压顶盖板。

5.3.2 锚栓设置方式应符合下列规定：

1 锚栓应设置在耐碱玻纤网的内侧。

2 用于膨胀玻化微珠无机保温板外墙保温构造时，锚栓数量不应少于 6 个/m^2。任何面积大于 0.1 m^2 的单块板锚栓数量不应少于 1 个。

3 锚栓的有效锚固深度不应小于 25 mm，最小允许边距为 100 mm。

5.3.3 耐碱玻纤网铺设的构造方式应符合下列规定：

1 涂料饰面膨胀玻化微珠无机保温板外墙外保温系统中，建筑物首层、易受冲击或碰撞部位墙面的抹面层内铺设双层耐碱玻纤网，其他部位的抹面层内铺设单层耐碱玻纤网。

2 面砖饰面膨胀玻化微珠无机保温板外墙外保温系统抹面层内铺设双层耐碱玻纤网。

3 在门窗洞口、装饰缝、阴阳角等部位，应增加一层耐碱玻纤网作加强层。

4 在门窗洞口、管道穿墙洞口、勒脚、阳台、雨篷、女儿墙顶部、变形缝等保温系统的收头部位，应用耐碱玻纤网对膨胀玻化微珠无机保温板进行翻包，包边宽度不小 100 mm。

5 耐碱玻纤网的搭接长度不应小于 100 mm。

5.3.4 支撑托架所使用角钢的长度 L 不应小于 300 mm；宽度 W 不应小于 30 mm 且不应小于膨胀玻化微珠无机保温板厚度的 1/2，宜为膨胀玻化微珠无机保温板厚度的 2/3；高度 H 不应小于 30 mm；厚度 D 不应小于 4 mm。角钢应采用热镀锌膨胀螺栓固定于混凝土梁或承重墙上。热镀锌膨胀螺栓的规格不应小于 M8，且每根角钢上的热镀锌膨胀螺栓数量不少于 2 个。支撑托架安装方式如图 5.3.4 所示。

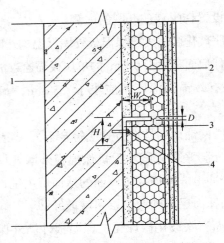

图 5.3.4　支撑托架安装方式示意图

1—墙体；2—膨胀玻化微珠无机保温板；3—支撑托架所使用的角钢；

4—热镀锌膨胀螺栓

5.3.5　支撑托架安装位置应符合本标准规定和设计要求，支撑托架安装位置如图 5.3.5 所示。

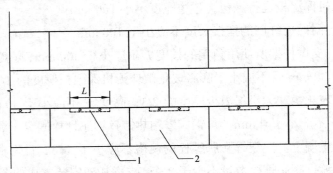

图 5.3.5　支撑托架安装位置

1—支撑托架；2—膨胀玻化微珠无机保温板

5.3.6 屋面和楼地面保温系统的构造设计应符合下列规定：

1 坡屋面的檐口部位，应有与钢筋混凝土屋面板形成整体的堵头板构造设计或其他防滑移措施。

2 平屋面和楼地面保温系统的保护层应按现行相关标准的规定设置分格缝。

3 寒冷地区室内空气相对湿度常年大于 75%，其他地区室内空气相对湿度常年大于 80%，应设置隔汽层。

4 膨胀玻化微珠无机保温板用于层间楼地面保温，宜设置在楼板上侧基层，除设置保护层外，需考虑防开裂措施。潮湿房间应增设找平层和防水层。

5.4 建筑热工设计

5.4.1 膨胀玻化微珠无机保温板建筑保温工程建筑热工设计应符合现行国家及四川省相关标准的规定。

5.4.2 膨胀玻化微珠无机保温板的计算导热系数和计算蓄热系数按下列公式计算：

$$\lambda_c = \lambda \cdot a \qquad (5.4.2\text{-}1)$$

$$S_c = S \cdot a \qquad (5.4.2\text{-}2)$$

式中　λ_c——膨胀玻化微珠无机保温板的计算导热系数，W/（m·K）；

λ——膨胀玻化微珠无机保温板的导热系数，W/（m·K），按本规程表 4.2.2 选取；

S_c——膨胀玻化微珠无机保温板的计算蓄热系数，W/（m²·K）；

S——膨胀玻化微珠无机保温板的蓄热系数，W/（m²·K），按本规程表 4.2.2 选取；

a——修正系数，按表 5.4.2 选取。

表 5.4.2 修正系数 a 取值

板型	使用部位	修正系数 a
Ⅰ 型	外墙外保温系统	1.20
	外墙内保温系统	1.30
Ⅱ 型	屋面及楼地面保温系统	1.25

5.4.3 膨胀玻化微珠无机保温板在严寒和寒冷地区的外墙及屋面节能保温工程中应用，应按现行国家标准《民用建筑热工设计规范》GB 50176 的有关规定，进行内部冷凝计算，并采取适宜的防潮构造设计。

5.4.4 玻化微珠无机保温板保温层最小设计厚度不应小于 30 mm，用于外墙保温系统时设计厚度不应超过 100 mm。

6 施 工

6.1 一般规定

6.1.1 膨胀玻化微珠无机保温板建筑保温工程应由专业施工队伍施工。保温工程施工前，施工单位应编制专项施工方案，经相关程序审批后方可实施，实施前应进行技术交底。施工人员应经过培训并经考核合格后上岗。

6.1.2 膨胀玻化微珠无机保温板建筑保温工程施工前，应制作至少 2 m² 的膨胀玻化微珠无机保温板建筑保温系统的样板件，并按相应标准要求进行系统拉拔试验及抗冲击试验，试验结果满足相关标准及设计要求后，施工单位应按该样板件的施工工艺进行施工。

6.1.3 保温工程施工前，外门窗洞口应通过验收，洞口尺寸、位置应符合设计要求并验收合格，门窗框或辅框应安装完毕、通过验收，并应做防水处理。伸出墙面的消防梯、雨水管、各种进户管线和空调器等所需的预埋件、连接件应安装完毕，并预留出保温层的厚度。

6.1.4 膨胀玻化微珠无机保温板建筑保温工程施工应在设计文件要求的基层施工质量验收合格后进行。基层应坚实，平整，无浮尘、空鼓和粉化。

6.1.5 膨胀玻化微珠无机保温板建筑保温工程应按照审查合格的设计文件和经审查批准的施工方案施工，在施工过程中不得随意变更节能设计。

6.1.6 膨胀玻化微珠无机保温板建筑保温工程施工过程中，应做好施工记录和必要的检验试验。

6.1.7 保温工程每道工序完成后，应经监理单位或建设单位检查验收合格后方可进行下道工序的施工。

6.1.8 膨胀玻化微珠无机保温板外墙外保温工程施工，环境温度不宜高于35℃，不应低于5℃，且24 h内不应低于0℃；风力不应大于5级；夏季施工时作业面应避免阳光暴晒；雨雪天不得施工。

6.1.9 施工用脚手架或吊篮等辅助工具应按相关标准验收合格，必要的施工机具、计量器具和劳防用品应准备齐全。

6.1.10 坡屋面周边和预留孔洞部位必须设置安全护栏和安全网或其他防止坠落的防护措施。

6.2 材料准备

6.2.1 保温工程使用的材料应符合设计要求。膨胀玻化微珠无机保温板在运输、储存过程中应防雨、防潮、防压和防暴晒，保温板包装材料不得破损，并应存放在干燥、通风的场所。

6.2.2 胶粘剂、抹面胶浆应为专用配套砂浆。膨胀玻化微珠无机保温板建筑保温系统组成材料的性能应符合本规程第4章要求；材料供应商应提供材料的使用说明书。

6.2.3 保温工程使用的材料进场后，应有产品合格证、出厂检验报告以及型式检验报告等质量证明文件，并按照规定进行见证抽样和复检，合格后方可使用。

6.3 外墙保温工程

Ⅰ 施工流程

6.3.1 涂料及面砖饰面膨胀玻化微珠无机保温板外墙外保温系统施工工艺流程宜按图 6.3.1 所示工序进行。

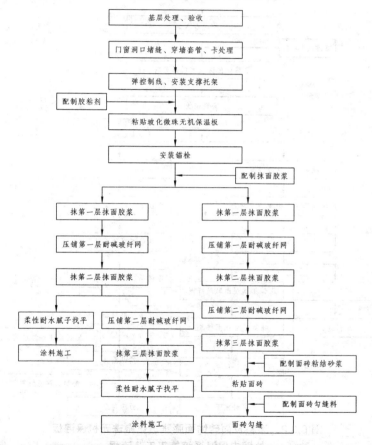

图 6.3.1 涂料及面砖饰面膨胀玻化微珠无机保温板外墙外保温系统施工工艺流程

6.3.2 涂料及面砖饰面膨胀玻化微珠无机保温板外墙内保温系统施工工艺流程宜按图 6.3.2 所示工序进行。

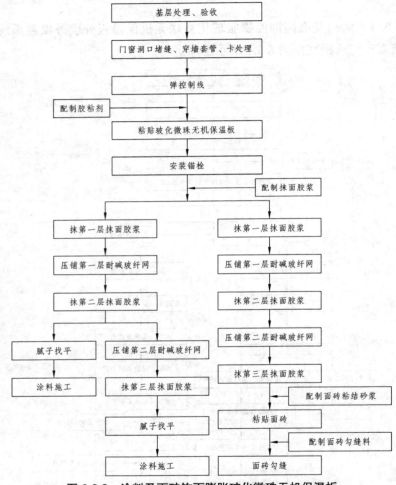

图 6.3.2　涂料及面砖饰面膨胀玻化微珠无机保温板
外墙内保温系统施工工艺流程

Ⅱ 施工要点

6.3.3 施工控制线应满足下列要求：

1 应根据建筑立面设计和保温技术要求，在墙面弹出外门窗水平线、垂直控制线、伸缩缝线、装饰缝线及勒脚部位水平线等。

2 在建筑外墙大角（阳角和阴角）及其他必要处挂垂直基准线，以控制膨胀玻化微珠无机保温板的垂直度和平整度；每个楼层适当位置挂水平线。

6.3.4 胶粘剂、抹面胶浆配制应符合下列规定：

1 胶粘剂、抹面胶浆应严格按照产品要求的配比加水进行配制，用专用的搅拌设备进行搅拌，且搅拌时间不得小于 180 s。

2 每次配制量应能在产品说明书所规定的时间内用完。

6.3.5 粘贴膨胀玻化微珠无机保温板应符合下列规定：

1 粘贴膨胀玻化微珠无机保温板前，应清除保温板板面浮灰。

2 膨胀玻化微珠无机保温板的粘贴应满粘，先用锯齿抹刀在基层上均匀批刮一层厚度不小于 3 mm 的胶粘剂，再在膨胀玻化微珠无机保温板上用锯齿抹刀均匀批刮一层厚度宜为 3 mm 的胶粘剂（膨胀玻化微珠无机保温板与基层上批刮的胶粘剂的走向应相互垂直），粘贴时均匀揉压并采用橡皮锤轻敲，并及时用 2 m 靠尺和托线板检查平整度和垂直度，清除板缝和板侧面残留的胶粘剂。

3 粘贴应自下而上沿水平方向横向铺贴，板缝自然靠紧，板间缝隙不得大于 2 mm，若板间缝隙大于 2 mm，应采用膨胀玻化微珠保温砂浆来填充，板与板之间高差不得大于 2 mm，相邻板面应平齐，上下排之间宜错缝 1/2 板长，局部最小错缝不应小于 100 mm。

4 在外墙转角部位应按膨胀玻化微珠无机保温板的规格尺寸进行排板设计，粘贴时端面垂直交错互锁，并保证墙角垂直度。

5 门窗洞口四角板材不得拼接，应采用整板切割成型。

6.3.6 锚栓安装的数量、位置以及在基层内的有效锚固深度应符合本规程第 5.3.2 条的规定和设计要求。

6.3.7 抹面层施工应符合下列规定：

1 膨胀玻化微珠无机保温板粘贴施工完毕后，宜养护 3 d 再进行抹面层施工。

2 抹面层施工应在膨胀玻化微珠无机保温板和锚栓施工完成并经验收合格后进行，表面应平整、整洁。

3 抹面层施工时，应同时在檐口、窗台、窗楣、雨篷、阳台、压顶以及凸出墙面的顶面做出坡度，端部应有滴水槽或滴水线。

4 单层耐碱玻纤网抹面层施工分两层进行，抹面层厚度应为 3 mm~5 mm。先在粘贴锚固好的膨胀玻化微珠无机保温板表面均匀批抹一道厚度约 2 mm 的抹面胶浆并趁湿压入耐碱玻纤网，再抹第二道抹面胶浆，抹平并使抹面层厚度满足设计要求。

5 双层耐碱玻纤网抹面层施工分三层进行，抹面层厚度应为 5 mm~8 mm。先在粘贴锚固好的膨胀玻化微珠无机保温板表面均匀批抹一道厚度约 2 mm 的抹面胶浆并趁湿压入耐碱玻纤网，再抹第二道抹面胶浆，趁湿再压入第二层耐碱玻纤网，再薄抹第三层抹面胶浆，抹平并使抹面层总厚度满足设计要求。

6 耐碱玻纤网应自上而下铺设，墙面上网与网搭接宽度应不小于 100 mm，转角部位网与网应绕角搭接，搭接处距墙角不应小于 200 mm。

7 用耐碱玻纤网对保温系统收口部位的膨胀玻化微珠无机保温板进行翻包处理。

6.3.8 饰面层施工应符合下列规定：

1 抹面层施工完毕后，宜养护 7 d 再进行饰面层施工。

2　涂料饰面层施工，应采用柔性耐水腻子批刮平整后刷涂料，施工工艺及质量要求应符合相关标准规定及产品要求；

3　面砖饰面层施工应符合现行行业标准《外墙饰面砖工程施工及验收规程》JGJ 126 的有关规定。

6.4　屋面、楼地面保温工程

6.4.1　屋面、楼地面粘贴膨胀玻化微珠无机保温板应满足下列要求：

1　基层应找平处理，不得有灰尘、污垢、油渍及残留灰块等现象。

2　基层上各种管道、洞口、预埋件等应按设计位置提前安装完备，并做好密封及防水处理。

3　粘贴膨胀玻化微珠无机保温板前，应清除板面浮灰。

4　膨胀玻化微珠无机保温板应满粘，表面平整，在胶粘剂固化前不得上人踩踏。

6.4.2　楼地面保温工程基层、粘结层、保护层等的施工应符合现行国家标准《建筑地面工程施工质量验收规范》GB 50209 的有关规定和设计要求。

6.4.3　屋面保温工程基层、保温层和防水层等的施工应符合现行国家标准《屋面工程技术规范》GB 50345、《坡屋面工程技术规范》GB50693、《屋面工程质量验收规范》GB 50207 的有关规定和设计要求。

7 验 收

7.1 一般规定

7.1.1 膨胀玻化微珠无机保温板建筑保温工程施工验收应符合现行国家标准《建筑工程施工质量验收统一标准》GB 50300、《建筑节能工程施工质量验收规范》GB 50411 和四川省工程建设地方标准《建筑节能工程施工质量验收规程》DB 51/5033 及本规程的有关规定。

7.1.2 膨胀玻化微珠无机保温板建筑保温工程材料应进行进场复验，施工过程中应及时进行质量检查、隐蔽工程验收和检验批验收，施工完成后应进行膨胀玻化微珠无机保温板建筑节能分项工程验收。

7.1.3 膨胀玻化微珠无机保温板及配套材料应由同一供应商供应，应有产品合格证书、出厂检验报告和型式检验报告；现场检查膨胀玻化微珠无机保温板建筑保温工程时，应核对系统及组成材料与有效的型式检验报告中的系统及组成材料是否一致。

7.1.4 膨胀玻化微珠无机保温板建筑保温工程应对下列部位或内容进行隐蔽工程验收，并应有详细的文字记录和必要的图像资料：

    1 基层及其表面处理。

    2 膨胀玻化微珠无机保温板的规格尺寸。

    3 支撑托架的位置及规格尺寸。

    4 保温板粘结和固定。

    5 锚栓。

6 抹面层施工。

7 耐碱玻纤网铺设。

8 热桥部位处理。

7.1.5 膨胀玻化微珠无机保温板建筑节能分项工程验收的检验批划分应符合下列规定：

1 墙体节能分项工程按采用相同材料、工艺和施工做法的墙面，每 1 000 m² 面积（扣除窗洞面积后）划分为一个检验批；不足 1 000 m² 的，按一个检验批计。

2 屋面节能分项工程按采用相同材料、工艺和施工做法的屋面，每 1 000 m² 面积划分为一个检验批，不足 1 000 m² 也为一个检验批。

3 楼地面节能分项工程按采用相同构造做法的楼地面，每 1 000 m² 面积划分为一个检验批，不足 1 000 m² 也为一个检验批。

4 检验批的划分也可根据与施工流程相一致且方便施工与验收的原则，由施工单位与监理（建设）单位共同商定。

7.2 外墙保温工程

Ⅰ 主控项目

7.2.1 用于膨胀玻化微珠无机保温板外墙保温工程的材料、配件等，其品种、规格及性能应符合设计要求和相关标准的规定。

检验方法：观察、尺量检查；核查质量证明文件。

检查数量：按进场批次，每批随机抽取 3 个试样进行检查；质量证明文件应按照其出厂检验批进行核查。

7.2.2 膨胀玻化微珠无机保温板外墙保温系统使用材料进场时，

应对其下列性能进行复验，复验应为见证取样送检。

1 膨胀玻化微珠无机保温板的导热系数、干表观密度、抗压强度、垂直于板面抗拉强度。

2 胶粘剂、面砖粘结砂浆、面砖勾缝料和抹面胶浆的拉伸粘结强度，抹面胶浆的压折比，面砖勾缝料的抗折强度。

3 耐碱玻纤网的耐碱断裂强力、耐碱断裂强力保留率。

4 单个锚栓抗拉承载力标准值。

检验方法：随机抽样送检，检查复验报告。

检查数量：按照同厂家、同品种产品，每 1 000 m² 扣除窗洞后的保温墙面面积使用的材料为一个验收批，每个验收批应至少抽查 1 次；不足 1 000 m² 时也应抽查 1 次；超过 1 000 m² 时，每增加 2 000 m² 应至少增加抽查 1 次；超过 5 000 m² 时，每增加 5 000 m² 应增加抽查 1 次。

同工程项目、同施工单位且同时施工的多个单位工程（群体建筑），可合并计算保温墙面抽检面积。

7.2.3 膨胀玻化微珠无机保温板外墙保温工程施工前应按照设计和施工方案的要求对基层进行处理，处理后的基层应符合保温层施工方案的要求。

检验方法：对照设计和施工方案观察检查；核查隐蔽工程验收记录。

检查数量：全数检查。

7.2.4 膨胀玻化微珠无机保温板外墙保温工程实体检验，系统各层构造做法应符合设计要求，并应按照经过审批的施工方案进行验收。

检验方法：对照设计和施工方案观察检查；核查隐蔽工程验收记录。

检查数量：每个检验批抽查不少于 3 处。

7.2.5 膨胀玻化微珠无机保温板的厚度应符合设计要求。膨胀玻化微珠无机保温板与基层及各构造层之间应粘结牢固，无空鼓、无脱落、面层无爆灰和裂缝，粘结强度和连接方式应符合设计要求。膨胀玻化微珠无机保温板外墙保温系统应做现场系统抗拉强度试验，现场系统抗拉强度试验方法见附录 B。

检验方法：观察检查；保温板的厚度剖开尺量检查；现场系统抗拉强度核查检验报告。

检查数量：每个检验批抽查不少于 3 处。

7.2.6 锚栓的数量、位置、锚固深度应符合设计及本规程要求。

检验方法：退出锚钉，尺量检查。

检查数量：每个检验批抽查不少于 3 处。

7.2.7 支撑托架中的角钢和膨胀螺栓的数量、位置应符合设计及本规程要求。

检验方法：现场观察检测。

检查数量：每个检验批抽查不少于 3 处。

7.2.8 膨胀玻化微珠无机保温板外墙保温工程饰面层的施工验收，应符合设计和现行国家标准《建筑装饰装修工程质量验收规范》GB 50210 的规定，并应符合下列要求：

1 饰面层施工的基层应无脱层、空鼓和裂缝，基层应平整、洁净。

2 饰面层不得渗漏。当饰面层采用饰面板开缝安装时，保温层表面应具有防水功能或采取其他防水措施。

3 保温层及饰面层与其他部位交接的收口处，应采取密封措施。

4 外墙外保温工程采用面砖饰面时，其安全性与耐久性必须符合设计要求，装饰面砖应做粘结强度拉拔试验，试验结果应符合设计要求和《外墙饰面砖工程施工及验收规程》JGJ 126 的规定。

检验方法：现场检测；核查试验报告和隐蔽工程验收记录。

检查数量：每个检验批抽查不少于 3 处。

7.2.9 外墙和毗邻不采暖空间墙体上的门窗洞口四周墙侧面，墙体上凸窗四周的侧面，以及外窗出挑构件等部位的施工处理，应按设计要求采取节能保温措施。

检验方法：对照设计观察检查，检查质量证明文件和隐蔽工程验收记录。

检查数量：每个检验批应抽查 5%，并不少于 5 个洞口。

7.2.10 严寒和寒冷地区外墙热桥部位，应按照设计要求采取节能保温等隔断热桥措施。

检验方法：对照设计和施工方案观察检查，必要时抽样剖面检查。核查隐蔽工程验收记录。

检查数量：按不同热桥种类，每种应抽查 20%，并不得少于 5 处。

Ⅱ　一般项目

7.2.11 进场的膨胀玻化微珠无机保温板、配套材料、构配件等的外观和包装应完整无破损，符合设计要求和产品标准的规定。

检验方法：观察检查。

检查数量：全数检查。

7.2.12 耐碱玻纤网的铺贴和搭接应符合设计和施工方案的要求。抹面胶浆抹压应密实，不得空鼓，耐碱玻纤网不得皱褶、外露。

检验方法：观察检查；检查隐蔽工程验收记录。

检查数量：每个检验批抽查不少于 5 处，每处不少于 2 m²。

7.2.13 施工产生的墙体缺陷（穿墙套管、脚手眼、孔洞等）应按照设计或施工方案采取隔断热桥措施或保温措施。

检验方法：对照施工方案观察检查。

检查数量：全数检查。

7.2.14 膨胀玻化微珠无机保温板接缝方式应符合施工要求。保温板接缝应平整严密。

检验方法：观察检查。

检查数量：每个检验批抽查 10%，并不少于 5 处。

7.2.15 墙体上容易碰撞的阳角、门窗洞口及不同材料基体的交接处等特殊部位，其保温层应采取防止开裂和破损的加强措施。

检验方法：观察检查；检查隐蔽工程验收记录。

检查数量：按不同部位，每类抽查 10%，并不少于 5 处。

7.2.16 膨胀玻化微珠无机保温板安装的允许偏差及检查方法应符合表 7.2.16 的规定。

表 7.2.16 膨胀玻化微珠无机保温板安装允许偏差及检查方法

序号	项目	允许偏差/mm	检查方法
1	表面平整度	3	用 2 m 靠尺和楔形塞尺检查
2	立面垂直度	3	用 2 m 垂直检查尺检查
3	阴、阳角垂直	3	用 2 m 托线板检查
4	阳角方正	3	用 200 mm 方尺检查
5	接缝高差	1.5	用直尺和楔形塞尺检查

7.3 屋面保温工程

Ⅰ 主控项目

7.3.1 用于膨胀玻化微珠无机保温板屋面保温工程的材料，其型号、品种、规格和性能应符合设计要求和相关标准的规定。

检验方法：观察、尺量检查；核查质量证明文件。

检查数量：按进场批次，每批随机抽取 3 个试样进行检查；质量证明文件应按照其出厂检验批进行核查。

7.3.2 屋面保温工程使用的膨胀玻化微珠无机保温板，进场时应对其导热系数、干表观密度、抗压强度进行复验，复验应为见证取样送检。

检验方法：核查质量证明文件，随机抽样送检，核查复验报告。

检查数量：同厂家、同品种，每 1 000 m² 屋面使用的材料为一个检验批，每个检验批抽查 1 次；不足 1 000 m² 时抽查 1 次。屋面超过 1 000 m² 时，每增加 2 000 m² 应增加 1 次抽样；屋面超过 5 000 m² 时，每增加 3 000 m² 应增加 1 次抽样。

同项目、同施工单位且同时施工的多个单位工程（群体建筑），可合并计算屋面抽检面积。

7.3.3 屋面保温层的敷设方式、厚度、缝隙填充质量及屋面热桥部位的保温做法，必须符合设计要求和相关标准的规定。

检验方法：观察、钢针刺入和尺量检查。

检查数量：每个检验批抽查两处，每处 10 m²，整个屋面抽查不得少于 3 处。

7.3.4 膨胀玻化微珠无机保温板屋面保温工程用材料的外观和包装应完整无破损，符合设计要求和产品标准的规定。

检验方法：观察检查。

检查数量：全数检查。

7.3.5 膨胀玻化微珠无机保温板铺设应紧贴基层铺平，拼缝应严密，粘贴应牢固。

检验方法：观察检查。

检查数量：每个检验批抽查两处，每处 10 m²，整个屋面抽查且不得少于 3 处。

7.3.6 膨胀玻化微珠无机保温板屋面保温层表面平整度的允许偏差为 5 mm。

检验方法：2 m 靠尺和塞尺检查。

检查数量：每 100 m² 抽查一处，每处 10 m²，整个屋面抽查且不得少于 3 处。

7.3.7 膨胀玻化微珠无机保温板接缝方式应符合施工要求，接缝高低差的允许偏差为 2 mm。

检验方法：直尺和塞尺检查。

检查数量：每 100 m² 抽查一处，每处 10 m²，整个屋面抽查且不得少于 3 处。

7.4 楼地面保温工程

Ⅰ 主控项目

7.4.1 用于膨胀玻化微珠无机保温板楼地面保温工程的材料，其品种、规格应符合设计要求和相关标准的规定。

　　检验方法：观察、尺量检查；核查质量证明文件。

　　检查数量：按进场批次，每批随机抽取 3 个试样进行检查；质量证明文件应按照其出厂检验批进行核查。

7.4.2　膨胀玻化微珠无机保温板楼地面保温工程使用的膨胀玻化微珠无机保温板，进场时应对其导热系数、干表观密度、抗压强度进行复验，复验应为见证取样送检。

　　检验方法：随机抽样送检，核查复验报告。

　　检查数量：同厂家、同品种，每 1 000 m² 楼地面使用的材料为一个检验批，每个检验批抽查 1 次；不足 1 000 m² 时抽查 1 次。楼地面超过 1 000 m² 时，每增加 2 000 m² 应增加 1 次抽样；楼地面超过 5 000 m² 时，每增加 3 000 m² 应增加 1 次抽样。

　　同项目、同施工单位且同时施工的多个单位工程(群体建筑)，可合并计算楼地面抽检面积。

7.4.3　膨胀玻化微珠无机保温板敷设前，应对基层进行处理，使其达到设计和施工方案的要求。

　　检验方法：对照设计和施工方案观察检查；核查隐蔽工程验收记录。

　　检查数量：全数检查。

7.4.4　楼地面的保温层、保护层等各层的设置和构造做法以及保温层的厚度应符合设计要求，并应按照施工方案进行。

　　检验方法：对照设计和施工方案观察检查；尺量检查。

　　检查数量：每个检验批抽查 2 处，每处 10 m²，整个楼地面抽查不得少于 2 处。

7.4.5　楼地面的膨胀玻化微珠无机保温板与基层之间，各构造层之间的粘结应牢固，缝隙应严密。

检验方法：观察检查；核查隐蔽工程验收记录。

检查数量：每个检验批抽查 2 处，每处 10 m²，整个楼地面抽查不得少于 2 处。

7.4.6 穿越楼地面直接接触室外空气的各种金属管道应按设计要求，采取隔断热桥的保温措施。

检验方法：观察检查；核查隐蔽工程验收记录。

检查数量：全数检查。

Ⅱ 一般项目

7.4.7 用于楼地面保温系统组成材料的外观和包装应完整无破损，符合设计要求和产品标准的规定。

检验方法：观察检查。

检查数量：全数检查。

7.4.8 粘贴膨胀玻化微珠无机保温板按施工方案施工，板材应粘贴牢固，接缝平整，密封边不得干搭接。

检验方法：观察、尺量、称重检查。

检查数量：每个检验批抽查 2 处，每处 10 m²。

7.4.9 保护层的做法应符合设计要求，保护层允许偏差和检验方法应符合《建筑楼地面工程施工质量验收规范》GB 50209 的有关规定。

检验方法：按《建筑楼地面工程施工质量验收规范》GB 50209 的有关规定执行。

检查数量：每个检验批抽查 10%，并不少于 5 处。

附录 A　试验室系统抗拉强度试验方法

A.0.1　试样制备及养护应符合下列规定：

　　1　按企业施工工艺制作试样，基本构造应符合本规程 5.2 的规定，试样由水泥砂浆底板、粘结层、保温层和抹面层组成，试样尺寸为 100 mm × 100 mm，保温层厚度为保温板原厚，试样数量为 6 个。

　　2　试样在实验室条件下自然养护 28 d。

A.0.2　试验的过程中应符合下列规定：

　　1　用适当的胶粘剂将试样上下表面分别与尺寸为 100 mm × 100 mm 的金属试验板粘结。

　　2　通过万向接头将试样安装于拉力试验机上，拉伸速度为 5 mm/min，拉伸至破坏，并记录破坏时的拉力及破坏部位。破坏部位应位于保温层内部，否则试验数据无效。

A.0.3　抗拉强度的试验结果应按下式（A.0.3）计算：

$$\sigma_t = \frac{P_t}{A} \qquad\qquad (\text{A.0.3})$$

式中　　σ_t——抗拉强度，MPa；

　　　　P_t——破坏荷载，N；

　　　　A——试样面积，mm^2。

　　拉伸强度试验结果为 6 个试验数据中 4 个中间值的算术平均值，精确到 0.01 MPa。

附录 B 现场系统抗拉强度试验方法

B.0.1 现场系统抗拉强度试验应在膨胀玻化微珠无机保温板外墙保温系统施工完成 28 d 后进行。

B.0.2 现场系统抗拉强度试验的过程中应符合下列规定：

1 在现场随机抽取符合要求的保温工程外墙面，均匀布置 3 个测试点，用切割机切割 95 mm × 45 mm 长方块或 100 mm × 100 mm 的正方块，断缝应从系统表面切割至基层墙体表面。

2 拉伸试验方法按 JGJ 110 规定进行。

3 记录破坏时的拉力及破坏部位。

B.0.3 抗拉强度的试验结果应按下式计算：

$$\sigma_t = \frac{P_t}{A} \tag{B.0.3}$$

式中 σ_t——抗拉强度，MPa；

P_t——破坏荷载，N；

A——断面面积，mm^2。

取 3 个试样试验结果的算术平均值，结果精确到 0.01 MPa。

本规程用词说明

1 为便于在执行本规程条文时区别对待，对要求严格程度不同的用词说明如下：

  1）表示很严格，非这样做不可的：

   正面词采用"必须"，反面词采用"严禁"。

  2）表示严格，在正常情况下均应这样做的：

   正面词采用"应"，反面词采用"不应"或"不得"。

  3）表示允许稍有选择，在条件许可时首先应这样做的：

   正面词采用"宜"，反面词采用"不宜"。

  4）表示有选择，在一定条件下可以这样做的，采用"可"。

2 条文中指明应按其他标准执行时，采用"应按……执行"或"应符合……的要求或规定"。

引用标准名录

1 《建筑材料放射性核素限量》GB 6566

2 《建筑材料及制品燃烧性能分级》GB 8624

3 《建筑地面设计规范》GB 50037

4 《民用建筑热工设计规范》GB 50176

5 《屋面工程质量验收规范》GB 50207

6 《建筑地面工程施工质量验收规范》GB 50209

7 《建筑装饰装修工程质量验收规范》GB 50210

8 《建筑工程施工质量验收统一标准》GB 50300

9 《屋面工程技术规范》GB 50345

10 《建筑节能工程施工质量验收规范》GB 50411

11 《坡屋面工程技术规范》GB 50693

12 《陶瓷砖试验方法第 2 部分：尺寸和表面质量的检验》GB/T 3810.2

13 《陶瓷砖试验方法第 3 部分：吸水率、显气孔率、表观相对密度和容重的测定》GB/T 3810.3

14 《陶瓷砖试验方法第 2 部分：抗冻性的测定》GB/T 3810.12

15 《混凝土砌块和砖试验方法》GB/T 4111

16 《无机硬质绝热制品试验方法》GB/T 5486

17 《增强材料机织物试验方法第 5 部分：玻璃纤维拉伸断裂强力和断裂伸长的测定》GB/T 7689.5

18 《增强制品试验方法第 3 部分：单位面积质量的测定》GB/T 9914.3

19 《绝热材料稳态热阻及有关特性的测定防护热板法》GB/T 10294

20 《绝热材料稳态热阻及有关特性的测定热流计法》GB/T 10295

21 《蒸压加气混凝土性能试验方法》GB/T 11969

22 《建筑保温砂浆》GB/T 20473

23 《模塑聚苯板薄抹灰外墙外保温系统材料》GB/T 29906

24 《轻骨料混凝土技术规程》JGJ 51

25 《建筑工程饰面砖粘结强度检验标准》JGJ 110

26 《外墙饰面砖工程施工及验收规程》JGJ 126

27 《外墙外保温工程技术规程》JGJ 144

28 《胶粉聚苯颗粒外墙外保温系统材料》JG/T 158

29 《外墙保温用锚栓》JG/T 366

30 《陶瓷墙地砖胶粘剂》JC/T 547

31 《陶瓷墙地砖填缝剂》JC/T 1004

32 《建筑节能工程施工质量验收规程》DB51/5033

四川省工程建设地方标准

四川省膨胀玻化微珠无机保温板建筑保温系统
应用技术规程

Technical Specification for Application of Expanded
Vitrified Beads Inorganic Insulation Board Thermal
Insulation System on Building in Sichuan Province

DBJ51/T 070 - 2016

条 文 说 明

制定说明

《四川省膨胀玻化微珠无机保温板建筑保温系统应用技术规程》DB51/T 070－2016，经四川省住房和城乡建设厅 2016年 12 月 28 日以川建标发〔2016〕1034 号文公告批准发布。

为了便于广大设计、施工、科研、学校等单位有关人员在使用本标准时能准确理解和执行条文规定，《四川省膨胀玻化微珠无机保温板建筑保温系统应用技术规程》编制组按章、节、条顺序编制了本标准的条文说明，对条文规定的目的、依据以及执行中需要注意到的有关事项进行了说明。但是，本规程的条文不具备和规程正文同等的法律效力，仅供使用者作为理解和把握规程规定的参考。

目　次

1 总　则

1.0.1　膨胀玻化微珠无机保温板是一种优质高效的保温材料，具有质轻、保温、防火、耐久等特点，其燃烧性能达到 A 级，属不燃材料，与传统的保温材料相比，膨胀玻化微珠无机保温板具有燃烧性能等级高、适用范围广、使用周期长等突出优点，是建筑墙体、屋面及楼地面保温工程中的一种新型保温板材。为规范膨胀玻化微珠无机保温板建筑保温系统的应用，保证工程质量，制定本规程。

1.0.2　本条提出了本规程的适用范围，具体应根据设计建筑的气候分区、建筑类别及其使用位置，合理地选择适宜的膨胀玻化微珠无机保温板建筑保温系统进行节能设计、施工和工程质量验收。

2 术 语

2.0.1 本条说明了膨胀玻化微珠无机保温板建筑保温系统的定义及基本构成。

2.0.3 应使用不含泡花碱类的胶凝材料作为生产膨胀玻化微珠无机保温板的原材料。

3 基本规定

3.0.2 本条给出了膨胀玻化微珠无机保温板建筑保温系统使用安全性和耐久性的要求。系统的稳定性是由其组成材料的相容性和配套材料的可靠性决定的，因此，对材料之间的相容性和配套材料的牢固、安全、可靠给出了要求。关于材料彼此相容是要求保温系统中任何一种组成材料应与其他所有组成材料相容，这种相容表现为各部分组成材料彼此之间相互安定、并能很好地协调工作、完整保持原系统设计的各种性能。

3.0.4 膨胀玻化微珠无机保温板建筑保温系统的组成材料质量及匹配性对系统的性能起着十分重要的作用，因此要求材料应由系统供应商配套提供。

4 性能要求

4.1 系统性能要求

4.1.1 本条涉及为满足建筑外墙保温系统的基本规定和整体要求，需要对外墙保温系统性能进行控制和检验项目的要求，性能要求和检验方法主要参考了《外墙外保温工程技术规程》JGJ 144,并结合四川省膨胀玻化微珠无机保温板的实际应用情况给出。

耐候性试验是模拟夏季墙面经过高温日晒后突降暴雨和冬季昼夜温差大的反复作用，对大尺寸的外墙保温墙体进行加速气候老化试验，是检验和评价外保温系统质量的最重要的试验项目。耐候试验和实际工程有很好的相关性，能实际反映外墙外保温工程耐候性能。

耐候性试验条件的组合是十分严格的。通过该试验，不仅可检验外墙外保温系统的长期耐候性能，而且还可对设计、施工和材料性能进行综合检验。如果材料质量不符合要求，设计不合理或者施工质量不好，都难经受耐候试验的考验。

根据国家现行相关标准对外墙外保温系统的整体要求，本条对膨胀玻化微珠无机保温板外墙外保温系统的耐候性、抗冲击性、吸水量、耐冻融性能、水蒸气透过湿流密度等作了规定。

膨胀玻化微珠无机保温板在外墙内保温使用时，由于保温系统设置在墙体内侧，不受室外气候条件（温差、淋雨等）的直接作用，耐候性、耐冻融性能不作要求。

4.2 组成材料性能要求

4.2.1 本条规定膨胀玻化微珠无机保温板的规格尺寸，一是为了建筑施工时操作方便；二是防止因保温板尺寸过大而导致保温板在粘结过程中发生虚粘现象，从而降低保温板与基层的有效粘结面积，本条同时规定了膨胀玻化微珠无机保温板的尺寸偏差及外观质量。

4.2.5 耐碱玻纤网主要作用是：改善面层的机械强度，保证饰面层的抗力连续性，分散面层的收缩压力和温度应力，避免应力集中，抵抗自然界温、湿度变化及意外撞击所引起的面层开裂。所以耐碱玻纤网在保温系统中起着重要的作用，选用好的耐碱玻纤网也是保证保温系统综合质量的重要环节。

4.2.8~4.2.10 为保证膨胀玻化微珠无机保温板外墙外保温系统采用饰面砖的工程质量，除按表 4.2.8 的规定选择饰面砖外，尚应按 4.2.9 条和 4.2.10 条的规定选择面砖粘结砂浆和面砖勾缝料，并按现行行业标准《外墙饰面砖工程施工及验收规程》JGJ 126 的规定进行施工验收，以保证面砖饰面在膨胀玻化微珠无机保温板外墙外保温饰面工程中的质量符合耐候性和安全性指标要求。

4.2.11 本条对锚栓的性能要求作出了具体规定。在膨胀玻化微珠无机保温板建筑保温系统中，锚栓是一种必不可少的功能组件，可提高系统的安全性。

5 设 计

5.1 一般规定

5.1.1 膨胀玻化微珠无机保温板在建筑墙体、屋面及楼地面保温工程中应用,设计时一般不得更改本规程规定的系统构造层次和组成材料。如更改为与本规程规定的保温系统构造或组成材料不一致时,应由建设单位组织专项的技术论证予以确认。

5.3 建筑构造设计

5.3.1 本条对膨胀玻化微珠无机保温板外墙外保温系统的构造设计作出要求,其中:

1 考虑到膨胀玻化微珠无机保温板建筑保温系统的安全性,对支撑托架的设置提出要求。

5.3.3 本条对膨胀玻化微珠无机保温板外墙保温系统抹面层中耐碱玻纤网的铺设作出要求,其中:

3 门窗洞口四角处是应力集中的地方,此部位除了要附加耐碱玻纤网来提高抗裂能力外,采用整块保温板切割成型也是有效提高抗裂能力的措施之一。

4 在勒脚、变形缝等等系统工程施工收口部位应按照本规定采用耐碱玻纤网对保温板边部进行翻包处理,主要是加强对膨胀玻化微珠无机保温板边角部位的粘贴,防止虚粘,防止保温板边缘产生破损或开口，影响节能工程的整体质量，同时有利于后续的防水施工。

5.4　建筑热工设计

5.4.2　膨胀玻化微珠无机保温板在绝干状态下，具有较低的导热系数，但吸水后，其导热系数会增加，保温效果有所降低，因此对其导热系数、蓄热系数设计值进行修正。

6 施 工

6.1 一般规定

6.1.1 保温工程施工方案应经施工单位技术部门负责人或技术负责人审批后报项目监理机构，总监理工程师签发同意后实施。分项工程的技术交底由项目负责人组织，同时要求操作人员应经专业培训，达到相应的操作技术水平和岗位要求。

6.1.2 保温系统若是面砖饰面外墙外保温系统，则除了应进行系统拉拔试验及抗冲击试验外，还应进行饰面砖粘结强度试验，试验结果满足相关标准及设计要求后，施工单位方可按该样板件的施工工艺进行施工。

6.1.3~6.1.10 这几条给出了膨胀玻化微珠无机保温板建筑保温系统施工的前期准备和施工应具备的条件，并给出了外保温工程采用的材料在施工前、施工过程中的要求。

6.3 外墙保温工程

I 施工流程

6.3.1~6.3.2 施工时应按工艺流程的规定，合理安排各工序，保证各工序间的衔接、间隔时间，不得随意改变工艺流程中的顺序。

Ⅱ 施工要点

6.3.4 本条对胶粘剂、抹面胶浆配制提出要求。现场配制的材料由于现场施工条件的限制，其质量较难保证。本条规定主要是为防止现场配制的随意性，要求由专人按配合比配制，并在规定时间内用完。

6.3.6 锚栓主要用于在不可预见的情况下对确保外墙保温工程的安全性、整体性起一定的辅助作用，所以，锚栓的规格、进入基层的有效锚固深度及布置方式应严格按照设计要求。

7 验　收

7.1　一般规定

7.1.1　明确采用膨胀玻化微珠无机保温板建筑外墙、屋面及楼地面保温工程的施工质量验收应符合国家和四川省现行相关标准的规定。

7.1.4　本条规定膨胀玻化微珠无机保温板保温工程施工过程中应进行的隐蔽工程验收内容，以规范隐蔽工程验收。当施工中出现本条未列出的内容时，应在施工方案中对隐蔽工程验收内容加以补充。需要注意，本条要求隐蔽工程验收不仅应有详细的文字记录，还应有必要的图像资料。

7.1.5　当分项工程的工程量较大，出现需要划分检验批时，检验批的划分可按本条规定进行。当情况较为特殊时，检验批的划分也可根据方便施工与验收的原则，由施工单位与监理（建设）单位共同商定，同时应在施工方案中明确。